Cesar David Torres Fernández
Armando Ibáñez Martínez
J. Refugio Tobar Reyes

CUIDEMOS DO NOSSO PLANETA ... SEMEANDO VIDA

Cesar David Torres Fernández
Armando Ibáñez Martínez
J. Refugio Tobar Reyes

CUIDEMOS DO NOSSO PLANETA ... SEMEANDO VIDA

AINDA É TEMPO DE SALVAR O PLANETA

ScienciaScripts

Cover image: www.ingimage.com

This book is a translation from the original published under ISBN 978-613-9-46721-1.

Publisher:
Sciencia Scripts
is a trademark of
Dodo Books Indian Ocean Ltd. and OmniScriptum S.R.L publishing group

120 High Road, East Finchley, London, N2 9ED, United Kingdom
Str. Armeneasca 28/1, office 1, Chisinau MD-2012, Republic of Moldova, Europe
Printed at: see last page
ISBN: 978-620-8-32701-9

CUIDEMOS DO NOSSO PLANETA SEMEANDO VIDA

AUTORES

César David Torres Fernández M.C. da Benemérita Universidad Autónoma de Puebla Professor-investigador a tempo inteiro na área económico-administrativa da Facultad de Ciencias Agrícolas y Pecuarias. Tel. 01 (231) 31 22933 Cell. 231 387 6538 ghazzali.david@hotmail.com

Armando Ibáñez Martínez Dr. da Benemérita Universidad Autónoma de Puebla Professor investigador a tempo inteiro na área dos desenhos experimentais e projectos produtivos na Faculdade de Ciências Agrárias e Pecuárias. Tel. 01 (231) 31 22933 Cel. 231 1105539 armandoibama@outlook.com

Refugio Tobar Reyes DR. da Benemérita Universidad Autónoma de Puebla Professor investigador a tempo inteiro na área sócio-rural, recursos naturais e projectos de viabilidade na Faculdade de Ciências Agrárias e Pecuárias. Tel. 01 (231) 31 22933 Cel. 231 285 refugiotobar71@gmail.com

ÍNDICE

I. OBJECTIVO DO LIVRO 6

II.PROGRAMA DE VIDA DAS SEMENTEIRAS 7

III.IMPORTÂNCIA E BENEFÍCIOS DA

REFLORESTAÇÃO 18

IV.DIFICULDADES E BENEFÍCIOS DA

REFLORESTAÇÃO 24

V.EVOLUÇÃO DO PROGRAMA SEMEAR A VIDA...40

VI.EXPERIÊNCIAS DE SEMENTEIRA DE VIDA........43

VII.BIBLIOGRAFIA 49

Cuidemos nuestro
único hogar
TODA LA COMIDA
VIENE DE LA
TIERRA.
¡CUIDÉMOSLA!
Naturaleza

I. OBJECTIVO DO LIVRO

O objetivo da divulgação deste livro é sensibilizar as várias esferas da vida pública e privada. A ideia é dar a conhecer a importância da reflorestação como um contributo importante para atenuar os problemas da pobreza rural e da degradação ambiental. Desta forma, os seus objectivos são a recuperação do espaço rural, a reativação da economia local e a regeneração do tecido social das comunidades.

Fizemos muitos estragos no nosso planeta, desflorestámo-lo indiscriminadamente, poluímos a água, a terra, o ar e o fogo que utilizámos mais para prejudicar o planeta do que para o beneficiar. A boa utilização destes quatro elementos contribuiria em muito para a existência de um sistema sustentável e duradouro em toda a extensão do nosso planeta.

II. PROGRAMA SEMEAR A VIDA

II.1 Objetivo

O nosso objetivo é contribuir para o bem-estar social dos sujeitos agrários nas suas localidades rurais e promover a sua participação efectiva no desenvolvimento rural integral. O México é um país rico em recursos naturais, biodiversidade e cultura.
A população-alvo do Programa Sembrando Vida é definida como os "sujeitos agrários maiores de idade que vivem em localidades rurais, cujos municípios são socialmente atrasados e que são proprietários ou possuidores de 2,5 hectares disponíveis para serem trabalhados em projectos agroflorestais.

II.2 Descrição do programa

O PROYECTO SEMBRANDO VIDA é um programa do Governo Federal que visa combater a pobreza rural e a degradação ambiental através do apoio económico às pessoas que trabalham no campo. O programa trabalha para converter os ejidos numa área estratégica para o desenvolvimento integral do campo mexicano. Desta forma, os seus objectivos são resgatar o campo, reativar a economia local e regenerar o tecido social nas comunidades, razão pela qual funciona em quatro componentes:

a). Inclusão produtiva

b). Cuidados com o ambiente

c). Promover uma cultura de poupança

d). Reconstrução do tecido social

Como é que o Sembrando Vida funciona?

O governo federal fornece as plantas e os recursos para as plantar. Cada produtor, membro da comunidade e membro do ejido que aderir a este projeto irá cultivar
2,5 hectares, pelos quais receberão um salário diário de 5.000 pesos por mês. Além disso, farão parte de uma comunidade de aprendizagem constituída por 25 agricultores que receberão formação acompanhada por um técnico social, que trabalhará para promover o bem-estar da comunidade, fomentando relações de cooperação, harmonia e corresponsabilidade; um técnico de produção, que os aconselhará sobre técnicas de produção, tipos de solo e culturas mais adaptadas; três bolseiros do programa Jovens a Construir o Futuro que vivem na comunidade e participam nos processos produtivos e sociais.

Requisitos

Para se candidatar ao programa, é necessário ser maior de idade, residir em localidades rurais, cujos municípios se encontrem em situação de atraso social e que sejam proprietários ou detentores de 2,5 hectares disponíveis para serem trabalhados num projeto agroflorestal.

Critérios de seleção das parcelas

• Microconta

• Com potencial de recuperação da biodiversidade

• Solos degradados ou com perda de coberto vegetal florestal - Reconversão produtiva, pastagens, milpas e gestão de acahual sem sepulturas

• Zonas afectadas por doenças, catástrofes naturais ou pragas silvicultura

• *São excluídas as parcelas onde se pratica a queimada.

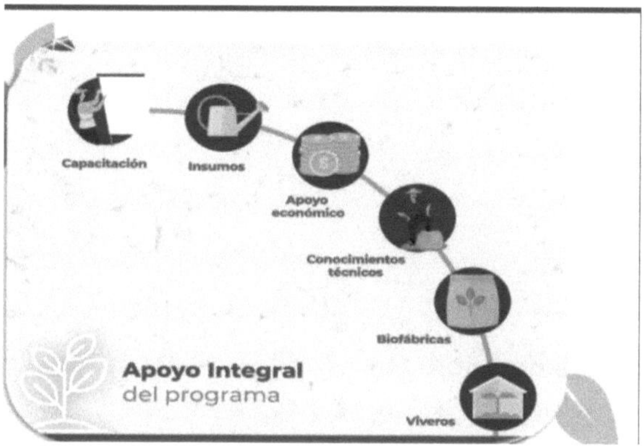

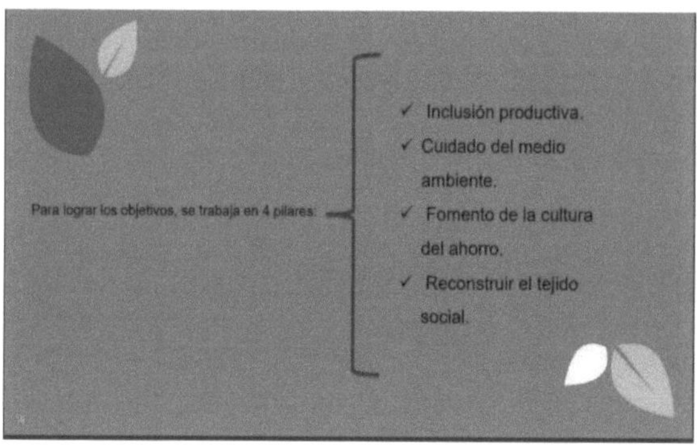

Alineación del Programa Sembrando Vida al Programa Sectorial de Bienestar

Objetivo Prioritario
Contribuir al bienestar social mediante ingresos suficientes, impulsar la autosuficiencia alimentaria, la reconstrucción del tejido social y generar la inclusión productiva de los campesinos en localidades rurales para hacer productiva la tierra.
Estrategias prioritarias
3.1 Instrumentar acompañamiento técnico agrícola con enfoque intercultural, apoyos económicos y en especie para que campesinas y campesinos puedan hacer productiva la tierra, lograr la autosuficiencia alimentaria y agroforestal, en coordinación con las instituciones públicas competentes.
3.2 Otorgar acompañamiento técnico social para promover la reconstrucción del tejido social en las localidades rurales.
3.3 Proporcionar asistencia técnica y mecanismos financieros con pertinencia cultural a campesinas y campesinos para promover su inclusión productiva y financiera.

Acciones puntuales	
3.1.1 Contratar y capacitar a técnicos agrícolas en temas de milpa intercalada entre árboles frutales, sistemas agroforestales, agricultura sustentable, biofábricas y viveros.	
3.1.2 Proporcionar asistencia y acompañamiento técnico a campesinas y campesinos con pertinencia cultural en temas de milpa intercalada entre árboles frutales, sistemas agroforestales, agricultura sustentable, biofábricas y viveros.	
3.1.3 Proporcionar apoyos económicos a campesinas y campesinos, con pertinencia cultural para que puedan hacer productiva la tierra.	
3.1.4 Proporcionar apoyos en especie a campesinas y campesinos con pertinencia cultural para que puedan hacer productiva la tierra.	
3.1.5 Apoyar la instalación de viveros comunitarios para la producción de planta.	
3.1.6 Apoyar la instalación de biofábricas que produzcan insumos para los viveros comunitarios y las parcelas de las campesinas y campesinos.	
3.2.1 Contratar y capacitar a técnicos sociales en temas de ahorro, construcción de ciudadanía, desarrollo comunitario, igualdad de género, salud comunitaria, derechos humanos, no discriminación y demás temas que aporten a la reconstrucción del tejido social en localidades rurales.	
3.2.2 Proporcionar asistencia y acompañamiento técnico social a campesinas y campesinos con pertinencia cultural en temas de ahorro, construcción de ciudadanía, desarrollo comunitario, igualdad de género, salud comunitaria, derechos humanos, no discriminación y demás temas que aporten a la reconstrucción del tejido social en localidades rurales.	
3.3.1 Contratar y capacitar a técnicos en temas de agroindustria, economía social y solidaria, encadenamientos productivos, canales de comercialización, incubación empresarial, organizaciones asociativas productivas y demás temas que promuevan la inclusión productiva de campesinas y campesinos.	
3.3.2 Proporcionar asistencia y acompañamiento técnico a campesinas y campesinos en temas de agroindustria, economía social y solidaria, encadenamientos productivos, canales de comercialización, incubación empresarial, organizaciones asociativas productivas y demás temas que promuevan la inclusión productiva de campesinos.	
3.3.3 Promover la constitución de un mecanismo de ahorro que apoye la inclusión productiva y financiera de los campesinos.	
Meta para el Bienestar	
3.1 Población con ingreso inferior a la línea de pobreza por ingreso en el ámbito rural	
Parámetro	3.2 Población con carencia de acceso a la alimentación en el ámbito rural

Tipos e montantes de apoio.

O apoio estabelecido no presente programa pode ser concedido na medida do permitido pelo orçamento federal de despesas de 2021. Aos beneficiários do Programa serão disponibilizados os seguintes apoios:

1) Deve ser concedido um apoio financeiro regular e, se for caso disso, um apoio suplementar, depositado diretamente nas suas contas bancárias, como indicado no ponto 3.6.1.

2) Apoio em espécie conforme estabelecido no número 3.6.2, além disso, poderá contar com acompanhamento social e técnico, através de um processo de capacitação e formação permanente.

3) Em caso de caso fortuito ou de força maior, na sequência de uma Declaração de Catástrofe Natural emitida pela autoridade competente, o Comité Técnico do Programa Will poderá, mediante análise e parecer prévio, autorizar um apoio extraordinário em espécie e/ou um apoio financeiro para compensar a perda de plantas e de factores de produção. Tudo isto, para o correto e oportuno desenvolvimento sócio-comunitário, bem como da produção agroflorestal.

APOIO ECONÓMICO PARA PROMOVER O BEM-ESTAR DOS SUJEITOS DE DIREITOS.

O mecanismo de dispersão dos recursos económicos consiste em que o Programa efectue transferências electrónicas ou emita ordens de pagamento aos titulares dos direitos.

- **APOIO FINANCEIRO REGULAR.**

A pessoa com direito, que tenha cumprido o seu programa de trabalho todos os meses, receberá um apoio económico de $5.000,00 (Cinco mil pesos 00/100 M.N.) dos quais $500,00 (Quinhentos pesos 00/100 M.N.) serão destinados como poupança para a pessoa com direito; deste montante, $250 (Duzentos e cinquenta pesos 00/100 devem ser destinados a uma aplicação de poupança numa instituição financeira, e $250 (Duzentos e cinquenta pesos 00/100 M.N.) devem ser destinados ao Fundo de Previdência. Uma vez por mês, o técnico social informará aos plantadores o montante das suas poupanças nos CACs, verbalmente e/ou por escrito, o que será registado na Ata correspondente, devendo cada membro assinar como informado, juntando este documento à Ata.

APOIO FINANCEIRO ADICIONAL

O Comité Técnico do Programa, após análise e parecer, determinará os casos em que poderá ser concedido apoio financeiro adicional, de acordo com as seguintes caraterísticas: A concessão de apoio financeiro suplementar só será determinada pelo Comité, não podendo os titulares dos direitos solicitá-lo diretamente. O Programa poderá atribuir aos titulares um apoio financeiro adicional para a aquisição de sementes, material vegetativo, plantas e factores de produção. Os titulares e/ou os CAC poderão receber um apoio financeiro adicional, cujos montantes serão estabelecidos pela Comissão Técnica do Programa, e de acordo com as disponibilidades orçamentais do Programa Sembrando Vida.

APOIO EM ESPÉCIE À PRODUÇÃO AGRO-FLORESTAL.

O mecanismo de entrega das ajudas em espécie será realizado da seguinte forma: todas as ajudas em espécie serão entregues em cada um dos territórios estabelecidos pelo Programa; o local exato de entrega será determinado pelos coordenadores regionais e territoriais, após informação ao Subsecretário de Planeamento, Avaliação e Desenvolvimento Regional. Uma vez que as ajudas em espécie estejam nos territórios, os técnicos produtivos e sociais serão responsáveis por coordenar a entrega aos beneficiários nas datas previamente determinadas. Para a concessão dos apoios em espécie, a Subsecretaria de Planeamento, Avaliação e Desenvolvimento Regional poderá celebrar acordos, contratos, convénios e outros instrumentos jurídicos e administrativos necessários com outras entidades, dependências, etc., bem como com o Ministério da Agricultura, Pecuária e Desenvolvimento Rural. e instituições públicas e privadas, de acordo com os regulamentos aplicáveis em cada caso.

Apoio em géneros

Plantas, insumos, ferramentas, viveiros comunitários e biofábricas

Apoio em espécie

O mecanismo de concessão dos apoios em espécie será efectuado da seguinte forma: todos os apoios em espécie serão entregues em cada um dos territórios estabelecidos pelo programa; o local exato de entrega será determinado pelos coordenadores regionais e territoriais, após informação do Secretariado do Bem-Estar. Uma vez que o apoio em espécie esteja nos territórios, os técnicos produtivos e sociais serão responsáveis pela sua entrega aos sujeitos agrários nas datas previamente determinadas.

O produtor agrícola receberá em espécie:

Plantas.

Plantas necessárias para a plantação. A quantidade e o tipo de plantas, bem como o período de entrega e de plantação, serão definidos nos planos de trabalho.

Entradas.

Os insumos necessários para desenvolver o programa agroflorestal na sua unidade de produção, que podem variar de acordo com o tipo de cultura a ser implantada em cada território.

Ferramentas.

Um pacote de ferramentas para realizar as actividades na sua unidade.

produção. Os conjuntos de ferramentas serão considerados de acordo com o contexto e com o facto de estarem envolvidos homens e mulheres.

Creche comunitária

Serão criados viveiros comunitários em cada uma das localidades selecionadas, que terão os materiais e insumos necessários para produzir 50.000 plantas por ano. Os viveiros serão frequentados pelos produtores com o acompanhamento dos Técnicos Produtivos. Todos os produtores, enquanto fizerem parte do programa, frequentarão os viveiros comunitários localizados em seus territórios, onde serão produzidas as plantas para suas unidades de produção. Se abandonarem o Programa, não terão direito à produção nos viveiros, a sua participação é parte integrante do Programa e organizar-se-ão territorialmente para dedicar o tempo de atenção e participação correspondente.

Biofábrica.

Serão criadas biofábricas de insumos em localidades selecionadas, que terão os materiais necessários para produzir biofermentos, biopreparações e outras substâncias agroecológicas que promovam a agricultura orgânica. As biofábricas serão geridas pelos próprios produtores com o acompanhamento dos Técnicos de Produção. Também será promovida a elaboração de composto, aproveitando o material encontrado nas unidades de produção. Todos eles, enquanto fizerem parte do Programa, frequentarão as biofábricas em seus territórios, onde serão produzidos os insumos orgânicos para suas unidades de produção. Da mesma forma, se algum deles deixar o Programa, não terá direito à produção das biofábricas, sua participação é parte do Programa. O programa será organizado territorialmente para dedicar a atenção e os tempos de participação correspondentes. Ligação com a Comissão Nacional de Áreas Naturais Protegidas (CONANP).

De acordo com o artigo 6.º da Lei Geral do Desenvolvimento Social e com o artigo 4.º da Constituição Política dos Estados Unidos Mexicanos, referentes à Lei Geral do Equilíbrio Ecológico e da Proteção do Ambiente (LGEEPA), todas as pessoas têm direito a um ambiente saudável para o seu desenvolvimento e bem-estar. O Estado deve garantir o respeito por este direito. Os danos e a deterioração do ambiente geram a responsabilidade de quem os provoca. De acordo com o artigo 81º do Regulamento da LGEEPA sobre Áreas Naturais Protegidas, os recursos naturais só podem ser utilizados se estiverem de acordo com os esquemas de desenvolvimento sustentável, a declaração da área natural protegida e o seu programa de gestão. Por conseguinte, os apoios concedidos pelo Secretariado aos territórios situados numa área natural protegida federal, ou nas suas zonas de influência, devem ser validados pelo organismo competente no domínio das áreas naturais protegidas.

Impugnação da suspensão ou anulação das prestações

As pessoas cujas prestações ao abrigo do Programa sejam suspensas ou canceladas têm direito a uma garantia de audiência e, além disso, podem contestar essa decisão perante o Comité Técnico do Programa, mediante um documento escrito gratuito, apresentado em original e que contenha os seguintes requisitos

• Nome e endereço do queixoso.

• Uma secção sobre os factos, que devem ser numerados e narrados de forma clara e concisa. de forma clara e cronológica.

• Uma secção sobre provas, na qual se mencionam os documentos públicos ou privados que se referem a cada facto indicado no documento, bem como os nomes das pessoas a quem esses documentos se referem.

• Os parágrafos das presentes Regras Operacionais em que se baseiam o seu resumo.

• A assinatura do requerente. O prazo para interpor recurso da suspensão ou supressão das prestações é de 15 dias úteis a contar do dia seguinte ao da notificação da decisão contestada.

O Comité Técnico do Programa resolverá as contestações à suspensão ou anulação das prestações no prazo máximo de 95 dias a contar da sua receção. No caso de faltar algum dos requisitos acima mencionados, o Comité solicitará ao requerente que apresente a documentação em falta num prazo não superior a 10 dias úteis.

Em caso de sucesso da contestação, o beneficiário tem direito ao reembolso do apoio financeiro relativamente aos meses em que não recebeu o apoio financeiro.

Em tudo o que não estiver previsto nas presentes Regras de Funcionamento, o procedimento de suspensão ou cancelamento das prestações do Programa rege-se pelas disposições da Lei Federal do Procedimento Administrativo.

III. IMPORTÂNCIA E BENEFÍCIOS DA REFLORESTAÇÃO

O Sembrando Vida criou mais de 400.000 empregos no campo; para os seus milhares de plantadores e semeadores já não é necessário deixar os seus locais de origem em busca de um meio de subsistência, agora trabalham nas suas próprias comunidades. As árvores produzem oxigénio, purificam o ar, evitam aerosão, mantêm os rios limpos, captam água para os aquíferos, servem de refúgio para a fauna, reduzem a temperatura do solo, favorecem o estabelecimento de outras espécies, regeneram os nutrientes do solo, etc. Importância da reflorestação Inverter a erosão do solo e revitalizar as bacias hidrográficas. As árvores florestais, ao abrandarem o vento e a queda de água, protegem o solo da erosão. Os solos erodidos e inférteis prejudicam a agricultura e favorecem os deslizamentos de terras e as inundações repentinas. Impacto da reflorestação no ambiente A reflorestação, ao plantar árvores em áreas anteriormente desflorestadas ou degradadas, contribui para a captura e armazenamento de CO2. Este facto ajuda a reduzir a concentração de gases com efeito de estufa na atmosfera, atenuando as alterações climáticas e os seus efeitos adversos.

Porque é que é importante reflorestar com plantas autóctones?

Permitem-nos recuperar espaços e biodiversidade que se perderam com a urbanização.

Como é que podemos contribuir para a reflorestação?

O que fazer antes da reflorestação

- Conhecer o local a reflorestar. O local deve ser visitado para identificar o solo, a vegetação e as condições gerais.
- Definir a espécie. ...
- Monda ou eliminação de ervas daninhas. ...
- Plantação de design. ...
- Escolha a altura certa do ano.

O que é a conservação e a reflorestação?

A reflorestação, o processo de plantação de árvores em zonas onde estas desapareceram devido ao abate de árvores, à urbanização ou à degradação dos solos, é uma prática de conservação ambiental que vai muito além da recuperação da paisagem e da promoção da biodiversidade.

Qual é a importância das florestas?

Geram oxigénio. Controlam a erosão, bem como a geração, a conservação e a recuperação dos solos. Contribuem para o sequestro de carbono e para a assimilação de vários poluentes. Protegem a biodiversidade, os ecossistemas e as formas de vida.

Que plantas são utilizadas para a reflorestação?

Entre as que conhecemos que contribuem para este processo estão os Pinheiros, os Jiñocuagos, os Mangos, os Tatascames, o Liquidámbar e algumas Chilamatas. Os nectários são os órgãos que segregam o néctar, situados em vários locais da planta.

O que é a reflorestação rural?

A reflorestação rural é aquela que, de acordo com o seu objetivo, é estabelecida em áreas florestadas ou potencialmente florestadas onde existiam originalmente florestas, selvas ou vegetação semi-árida.

Como é que a reflorestação é bem sucedida?

A base para uma reflorestação bem sucedida é a utilização de espécies adequadas ao local, de germoplasma de boa qualidade, de proveniência conhecida e localizadas na proximidade imediata do local a reflorestar (Vázquez et al, 2001).

Quais são os benefícios da reflorestação?

A reflorestação global oferece múltiplos benefícios químicos, sociais e biológicos. Para além de atenuar as alterações climáticas, protege a biodiversidade, melhora a qualidade do ar e da água e promove o bem-estar humano.

Quais são as árvores que purificam o ambiente?

A Melia, a acácia trigueira, o jacarandá e o olmo têm a maior capacidade de fixação. Ambiente florestal. O pinheiro de Alepo, o pinheiro manso e o sobreiro são as espécies de árvores que absorvem mais CO2.

A importância da reflorestação no México

Conheça estes 5 factores que realçam a importância da reflorestação e das iniciativas que ajudam os ecossistemas do México.

Sabia que o México é um dos países mais diversificados do mundo? No entanto, está a perder as suas florestas a um ritmo alarmante por ano, razão pela qual a importância da reflorestação deve ser realçada mais do que nunca. A perda de áreas florestais - seja por incêndios, pragas ou abate ilegal - tem várias consequências. Em primeiro lugar, o CO_2 deixa de ser absorvido e os animais e plantas dos ecossistemas locais também ficam em risco.

5 benefícios da reflorestação

Um plano de reflorestação tem múltiplos benefícios para o ambiente e os ecossistemas, alguns dos mais importantes dos quais são:

1. Reforço das barreiras florestais

As árvores são uma barreira natural contra os ciclones e as tempestades, uma vez que o vento perde a sua força de aceleração quando atinge a copa das árvores. O mesmo se aplica à chuva e às ondas do mar; uma área arborizada reduz o volume de água e filtra-a para o subsolo, ajudando a evitar inundações.

2. Regula o clima

Através da sombra que proporcionam e da transpiração, as florestas ajudam frequentemente a dissipar as temperaturas elevadas. Isto seria particularmente útil nas zonas urbanas, onde o betão e o número de edifícios tendem a acumular calor.

3. Aumenta a disponibilidade de água

As árvores servem também para canalizar a água da chuva, que escorre pelas suas copas, folhas e troncos até ao solo e o hidrata, ou até às pessoas que querem recolher água.

4. Evita a erosão do solo

Outra vantagem da reflorestação é o facto de evitar a degradação do solo. Quando chove ou há deslizamentos de terra e não há árvores ou vegetação para diminuir o efeito desses factores, o solo tem maior probabilidade de sofrer erosão.

5. Conservar a biodiversidade

A importância da reflorestação reside no facto de a replantação de árvores e vegetação ser uma força motriz que reaviva os ecossistemas. Desta forma, a vida selvagem local ganha um lar e proteção e, por sua vez, os polinizadores (como as abelhas) são atraídos, o que é muito benéfico para a natureza.

Plano de reflorestação no México

Em termos gerais, um plano de reflorestação tenta devolver a natureza ao seu estado natural, considerando diferentes acções para ajudar a atingir o objetivo.

- De acordo com o Programa Nacional de Florestas 2020-2024, o México tem 20,8 milhões de hectares que poderiam potencialmente participar no programa de gestão sustentável das florestas.

- Além disso, como parte do Desafio Verde 2021, o Ministério do Ambiente (SEDEMA) já plantou milhares de árvores e arbustos em áreas protegidas da Cidade do México.

Trata-se de iniciativas de grande envergadura, mas pode sempre pedir um plano de reflorestação na sua zona e ajudar dentro das suas possibilidades. Cada ação conta para ajudar a cuidar do ambiente, bem como para controlar e poupar no consumo de água e nas contas de eletricidade.

https://www.google.com/search?q=importancia+e+benefícios+da+reflorestação&rlz=1C1UUXU_enMX940MX940&oq=importância+e+benefícios+da+reflorestação&g

IV. DIFICULDADES E BENEFÍCIOS DA REFLORESTAÇÃO

Reflorestação

Reflorestação, uma alternativa para inverter a desertificação Natureza A desertificação, ou a perda de solos férteis e produtivos, é um dos problemas que aprofundam a crise climática do planeta, à medida que o número de árvores diminui e o efeito de estufa aumenta. Uma das soluções é a reflorestação. Apesar das suas desvantagens, tornou-se uma alternativa para voltar a tornar verdes milhares de hectares de terra.

A reflorestação é responsável pela replantação de áreas afectadas pela desflorestação.

Sem as florestas, a vida na Terra não seria possível. Estas, juntamente com os oceanos, são os pulmões do planeta e o seu papel na luta contra as alterações climáticas é vital, absorvendo anualmente cerca de 2 000 milhões de toneladas de $CO2$ - o principal gás com efeito de estufa e o principal responsável pelo aquecimento global. A transcendência e o valor destes ecossistemas terrestres são tão inquestionáveis que é impossível negar a importância do seu papel na luta contra as alterações climáticas. que o seu cuidado e respeito fazem parte dos Objectivos de Desenvolvimento Sustentável (ODS). Especificamente, o ODS 15: Vida dos ecossistemas terrestres visa proteger, restaurar e promover a sua utilização sustentável. Quase um terço do planeta está coberto por florestas, o que equivale a 4,06 mil milhões de hectares. Estes vastos maciços de árvores fornecem-nos o essencial para a nossa sobrevivência: a água que bebemos, os alimentos que comemos e o ar que respiramos. No entanto, estamos a destruir a nossa fonte de vida: todos os anos, 13 milhões de hectares de floresta são destruídos pelas mãos do homem. A sobre-exploração dos recursos naturais, através do abate de árvores ou do crescimento urbano, é a principal causa da desertificação atribuível ao homem, mas há outras que não são induzidas pelo homem. Entre estas contam-se a precipitação irregular e as secas sazonais, a erosão dos solos e os solos pobres, ou os incêndios florestais devido às alterações climáticas. Perante este cenário, a reflorestação é uma das estratégias mais eficazes para inverter este problema.

O que é a reflorestação. Objectivos e benefícios

A reflorestação consiste em repovoar as zonas desflorestadas para recuperar as florestas destruídas num passado recente. Dada a perda de grandes massas florestais, vitais para a absorção de CO2, a produção de oxigénio e a luta contra as alterações climáticas, é necessário plantar novas árvores em grande escala para evitar a perda de ecossistemas e abrandar a deterioração do planeta.

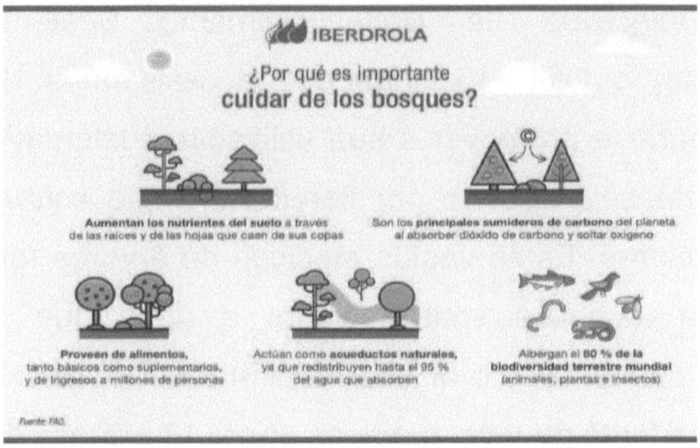

A reflorestação contribui, assim, para a realização de vários objectivos, todos eles destinados a restabelecer a estabilidade que as florestas proporcionam:

Recuperação da perda de biodiversidade

As florestas albergam mais de 80% de todas as espécies terrestres do mundo. Mais concretamente, de acordo com o relatório "The State of the World's Forests 2020" (FAO), as florestas albergam mais de 60 000 espécies de árvores, 80 % dos anfíbios, 75 % das aves e 68 % dos mamíferos. A sua degradação e o seu desaparecimento estão a levar centenas de espécies à extinção, apesar dos esforços de conservação. A Estratégia de Biodiversidade da União Europeia para 2030 prevê a plantação de, pelo menos, 3 mil milhões de árvores em solo europeu para contribuir para a proteção da biodiversidade.

Reduzir o dióxido de carbono no ar

A atividade humana provoca emissões anuais de cerca de 40 Gt de

CO_2. Metade destes gases permanece na atmosfera, contribuindo para o aquecimento global, e a outra metade é absorvida pelas florestas e pelos oceanos. A reflorestação é essencial para a nossa própria subsistência: as florestas são sumidouros de carbono essenciais para abrandar as alterações climáticas. Sem elas, a temperatura média global continuará a aumentar, provocando a subida do nível do mar e o degelo dos glaciares e dos pólos, entre outros efeitos climáticos.

Inverter a erosão dos solos e revitalizar as bacias hidrográficas

As árvores florestais, ao abrandarem o fluxo do vento e da água, protegem o solo da erosão. Os solos erodidos e inférteis são prejudiciais para a agricultura e favorecem os deslizamentos de terras e as inundações repentinas. A reflorestação tem por objetivo atenuar esta situação, também acentuada pelo abate indiscriminado de árvores, preservando a fertilidade do solo através de raízes bem fixadas. Por sua vez, as bacias hidrográficas são revitalizadas pela recuperação de nutrientes.

Cuidar da saúde humana

A desflorestação e os seus efeitos no habitat não só nos privam de nutrientes essenciais, como também são as principais vias de transmissão de doenças infecciosas emergentes, incluindo a COVID-19. Setenta e cinco por cento destas doenças, incluindo a gripe aviária e o Ébola, são transmitidas da vida selvagem para os seres humanos. A degradação das florestas, sem uma reflorestação óptima, leva à exposição humana a doenças zoonóticas.

Tipos de reflorestação

Consoante o local, existem dois tipos de reflorestação:

- Reflorestação urbana. Trata-se da plantação de árvores em meio urbano. O seu objetivo tem a ver com as próprias necessidades da cidade: modificar o clima - os espaços verdes são bons para combater o calor -, melhorar a qualidade do ar - a elevada incidência do tráfego nas cidades provoca o aumento dos níveis de CO2 -, aumentar as zonas de sombra ou embelezar o ambiente.

- Reflorestação rural. É a plantação maciça de árvores em áreas florestais que foram desmatadas, ou seja, onde antes existiam florestas, selvas ou vegetação semi-árida. Também pode ocorrer em áreas onde estas não existiam anteriormente, embora o termo apropriado neste caso seja florestação. Dentro da reflorestação rural, existem diferentes subtipos, dependendo do objetivo: conservação, proteção e restauração, agroflorestal ou produtiva.

Como é efectuada a reflorestação

Para reflorestar uma terra que foi deixada em pousio devido ao abate indiscriminado de árvores, aos incêndios ou à desflorestação devido às alterações climáticas, é necessário elaborar um plano. A reflorestação deve ser sustentável, ou seja, não se trata de plantar árvores de forma arbitrária. Eis as principais questões a considerar:

Realizar um estudo de campo

Antes de mais, é necessário estudar o terreno e verificar as condições do local: desde o solo - profundidade, textura, fertilidade - ao clima -

estação seca ou húmida (a humidade é essencial) - ou o tipo de população que vive no ecossistema - fauna e flora autóctones.

Seleção das espécies para repovoamento

É preferível optar por espécies indígenas, mas também podem ser incluídas espécies importadas de crescimento rápido que sejam compatíveis com o solo e o clima. O germoplasma florestal deve ser de boa qualidade e o viveiro deve estar idealmente a não mais de 100 quilómetros de distância. A forma e o momento do transporte também são importantes, evitando o sol ou fortes correntes de vento.

Escolha de um método de plantação

É preciso preparar o solo, escolher as ferramentas corretas e optar pela técnica menos invasiva. Além disso, devemos ter em conta a altura e a cobertura de cada nova planta para que não se danifiquem mutuamente. A plantação não termina com a introdução do germoplasma florestal, mas deve ser efectuado um plano de acompanhamento.

Estabelecer um plano de proteção

No âmbito do plano de monitorização, devem ser desenvolvidas formas de proteger a floresta reflorestada de doenças, pragas, incêndios, exploração ilegal de madeira, etc. A manutenção e as avaliações são vitais para assegurar a reflorestação.

Problemas de reflorestação

De acordo com a Avaliação Global dos Recursos Florestais 2020 (FAO), mais de 2 mil milhões de hectares de floresta em todo o mundo têm planos de gestão. A elaboração de diretrizes para o bom funcionamento das florestas é um ponto de partida que não deve faltar quando se reabilita uma floresta ou se inicia uma reflorestação porque, como em qualquer processo, podem surgir problemas:

- Se a reflorestação for impulsiva, ou seja, sem um bom plano de execução, pode ser contraproducente, prejudicando a diversidade das espécies ou as culturas agrícolas.

- Nas grandes culturas florestais, podemos obter o efeito contrário ao que procuramos, secando e empobrecendo o solo devido ao excesso de concentração de sais.

- Uma má escolha das novas árvores a introduzir, bem como a forma como são plantadas e posicionadas, pode ser prejudicial. Além disso, a introdução de espécies invasoras pode levar à extinção de outras.

- Uma reflorestação mal planeada pode levar à monocultura, afectando não só a diversidade da flora nativa, mas também os habitats dos diferentes habitantes da floresta.

https://www.iberdrola.com/sostenibilidad/que-es-reflorestação#:~:text=Problemas%20da%20reflorestação%20reflorestação%20e%20textos=Podemos%20ter%20problemas%20e%20posicionamento%20que%20podem%20ser%20danosos%20.

Problemas de reflorestação

Em grandes plantações florestais, podemos obter o efeito contrário ao pretendido, secando e empobrecendo o solo por excesso de concentração salina. Uma má escolha das novas árvores a introduzir, bem como a forma como são plantadas e posicionadas, pode ser prejudicial.

Quais são as desvantagens da reflorestação?

A reflorestação de árvores pode agravar os problemas que se pretende resolver. As campanhas de plantação de árvores podem combater as alterações climáticas, melhorar as comunidades e restaurar a biodiversidade. No entanto, se forem mal feitas, podem acelerar a extinção.

A reflorestação de árvores ajuda ou prejudica o planeta?

A reflorestação de árvores pode agravar os problemas que pretende resolver. Por Catrin Einhorn. 21 Mar 2022 The New York Times

As campanhas de plantação de árvores podem combater as alterações climáticas, melhorar as comunidades e restaurar a biodiversidade. No entanto, se forem mal feitas, podem acelerar a extinção.

Por cada T-shirt comprada, é plantada uma árvore; por cada garrafa de vinho; por cada vez que passa o seu cartão de crédito. Os países plantam árvores para cumprir os seus compromissos globais e as empresas plantam árvores para reforçar o seu registo de sustentabilidade.

El Times. Uma seleção semanal de histórias em espanhol que não encontrará em mais lado nenhum, com sotaque e ñ. Receba-o na sua caixa de correio eletrónico.

À medida que a crise climática se agrava, as empresas e os consumidores estão a juntar-se às organizações sem fins lucrativos e aos governos num boom global de reflorestação. No ano passado, foram plantados milhares de milhões de árvores em dezenas de países de todo o mundo. Estes esforços podem ser triplamente vantajosos, pois proporcionam meios de subsistência, absorvem e retêm o dióxido de carbono resultante do aquecimento global e melhoram a saúde dos ecossistemas.

Mas quando os projectos são mal executados, podem agravar os próprios problemas que pretendem resolver. Plantar as árvores erradas no sítio errado pode reduzir a biodiversidade e acelerar a extinção dos ecossistemas, tornando-os muito menos resistentes. A luta contra a perda de biodiversidade, que já é uma crise global semelhante às alterações climáticas, está a tornar-se cada vez mais urgente. As taxas de extinção estão a aumentar. Estima-se que um milhão de espécies estejam em risco de desaparecer, muitas delas numa questão de décadas. E o colapso dos ecossistemas não só ameaça os animais e as plantas, como também põe em perigo o abastecimento de alimentos e água de que os seres humanos dependem.

No meio desta crise crescente, as empresas e os países estão a investir cada vez mais na plantação de árvores que cobrem grandes áreas com espécies comerciais não nativas, em nome do combate às alterações climáticas. Estas árvores absorvem carbono, mas pouco fazem para apoiar as teias de vida que outrora prosperaram nestas áreas. "No fundo, cria-se uma paisagem estéril", afirma Paul Smith, diretor da Botanic Gardens Conservation International, um grupo de organizações que trabalha para evitar a extinção de plantas. "Se as pessoas querem plantar árvores, que o façam também de forma positiva para a biodiversidade.

No mundo da reflorestação, existe uma regra de ouro: plantar "a árvore certa no sítio certo". Alguns acrescentam: "pela razão certa". No entanto, de acordo com as entrevistas efectuadas a várias partes interessadas - cientistas, peritos em políticas, empresas florestais e organizações de partes interessadas no sector florestal - é evidente que as pessoas discordam frequentemente quanto ao significado de "adequado". Para alguns, trata-se de grandes viveiros para armazenamento de carbono e de madeira. Para outros, trata-se de fornecer árvores de fruto aos pequenos agricultores. Para outros, trata-se de permitir a regeneração de espécies de carbono e de madeira. Para outros, trata-se de fornecer árvores de fruto aos pequenos agricultores. Para outros, trata-se de permitir a regeneração de espécies endémicas.

De acordo com os especialistas em restauração, os melhores esforços tentam satisfazer uma série de necessidades, mas pode ser difícil conciliar interesses concorrentes. "É uma espécie de Velho Oeste", disse Forrest Fleischman, professor de política. Universidade de Minnesota. Uma solução natural A Terra não tem terra suficiente para combater as alterações climáticas apenas com árvores, mas em combinação com cortes drásticos nos combustíveis fósseis, as árvores podem ser uma solução natural importante. As árvores absorvem dióxido de carbono através dos poros das suas folhas e armazenam-no nos seus ramos e troncos (embora também libertem carbono quando ardem ou apodrecem). Esta capacidade de sequestrar CO2 é a razão pela qual as florestas são frequentemente designadas por sumidouros de carbono. Na África Central, a Total Energies, o gigante francês do petróleo e do gás, anunciou planos para plantar árvores em 40.000 hectares na República do Congo. O projeto, localizado no planalto de Batéké, um mosaico ondulante de pradarias e savanas arborizadas com manchas de florestas mais densas, sequestraria mais de dez milhões de toneladas de dióxido de carbono ao longo de 20 anos, segundo a empresa. "A Total está empenhada em desenvolver sumidouros naturais de carbono em África", afirmou Nicolas Terraz, então vice-presidente sénior da Total para África, exploração e produção, num comunicado de imprensa da empresa sobre o projeto em 2021. "Estas actividades baseiam-se nas iniciativas prioritárias tomadas pelo grupo para evitar e reduzir as emissões, em conformidade com a sua ambição de atingir a neutralidade carbónica até 2050."

Para atingir este objetivo, as empresas devem remover do ar pelo menos a mesma quantidade de carbono que libertam. Muitas, como a Total Energies, estão a recorrer às árvores para o conseguir. No planalto de Batéké, uma espécie de acácia proveniente da Austrália, destinada ao abate seletivo, cobrirá uma grande área. O projeto, que faz parte de um programa do governo congolês para expandir a cobertura florestal e aumentar o armazenamento de carbono, criará empregos, segundo a empresa, e acabará por aumentar a biodiversidade do ecossistema, permitindo que as espécies locais cresçam durante décadas.

Mas os cientistas alertam para o facto de o plano poder ser um exemplo de um dos piores tipos de esforços de florestação: plantar árvores onde elas não existiriam naturalmente. Estes projectos podem devastar a biodiversidade, ameaçar o abastecimento de água e até aumentar as temperaturas porque, em alguns casos, as árvores absorvem o calor que as pastagens - ou, noutras partes do mundo, a neve - teriam refletido. "Não queremos causar danos sob o pretexto de fazer o bem", afirmou Bethanie Walder, diretora executiva da Society for Ecological Restoration, uma organização mundial sem fins lucrativos.

O Planalto de Batéké é um dos ecossistemas menos estudados em África, de acordo com Paula Nieto Quintano, uma cientista ambiental que se tem concentrado na região. "A sua importância para os meios de subsistência locais, a sua ecologia e as funções do ecossistema são pouco conhecidas", disse Paula Nieto Quintano.

Aqueles que estudam a conservação das florestas insistem que as árvores não são uma panaceia.

"Receio que muitas empresas e governos o vejam como uma saída fácil", disse Robin Chazdon, Professor de Restauração de Florestas Tropicais na Universidade de Sunshine Coast, na Austrália. "Não têm de se esforçar tanto para reduzir as suas emissões porque podem simplesmente dizer: 'Oh, compensamos as emissões plantando árvores'."

Fazer o que é correto

Todas as árvores armazenam carbono; no entanto, os seus outros benefícios variam muito consoante a espécie e o local onde são plantadas. Por exemplo, o eucalipto cresce rápido e a direito, o que o torna um produto de madeira lucrativo. Nativo da Austrália e de algumas ilhas do norte, as suas folhas alimentam os coalas, que evoluíram para tolerar um potente veneno que contêm. Mas em África e na América do

Sul - onde as árvores são cultivadas para madeira, combustível e, cada vez mais, para armazenamento de carbono - têm muito menos valor para a vida selvagem. Sabe-se também que causam o esgotamento da água e o agravamento dos incêndios florestais.

Os peritos reconhecem que a restauração florestal e o armazenamento de carbono são complexos e que as espécies comerciais desempenham um papel importante. As pessoas precisam de madeira, um produto renovável com uma pegada de carbono mais baixa do que o betão ou o aço, bem como de papel e combustível para cozinhar. Por vezes, a plantação de espécies de crescimento rápido para colheita pode ajudar a conservar as florestas endémicas circundantes. E, ao adicionar estrategicamente espécies nativas, os viveiros podem ajudar a biodiversidade criando corredores de vida selvagem para ligar áreas de habitat desconectadas.

"Este movimento de restauração não pode acontecer sem o sector privado", afirmou Michael Becker, responsável pelas comunicações da 1t.org, um grupo criado pelo Fórum Económico Mundial para promover a conservação e o crescimento de um bilião de árvores com a ajuda do investimento privado. "Historicamente, tem havido maus actores, mas temos de conseguir que eles se juntem a nós e façam o que está certo. Um dos desafios é que o apoio à biodiversidade não oferece os retornos financeiros do armazenamento de carbono ou dos mercados da madeira. No País de Gales, um dos países mais desflorestados da Europa, o governo oferece incentivos à reflorestação. Mas quem faz o trabalho só tem de incluir 25% de espécies endémicas para se qualificar para os subsídios do governo. No Quénia e no Brasil, fileiras de eucaliptos crescem em terrenos que outrora foram florestas e savanas ecologicamente ricas. No Peru, uma empresa chamada Reforesta Peru está a plantar árvores em terras degradadas da Amazónia, mas está a utilizar cada vez mais eucaliptos clonados e teca para exportação. Os investidores preferem-nos porque têm melhores preços, diz Enrique Toledo, diretor-geral da Reforesta Peru. "São muito conhecidos internacionalmente e há uma procura insatisfeita de madeira. Quando investigadores da University College London e da Universidade de Edimburgo avaliaram os compromissos nacionais em matéria de reflorestação e restauração, descobriram que 45% envolviam "a plantação de vastas monoculturas de árvores como empresas lucrativas".

Equilíbrio da biodiversidade

Quando as empresas se comprometem a plantar uma árvore por cada compra de um determinado produto, fazem-no frequentemente através de organizações sem fins lucrativos que trabalham com comunidades de todo o mundo. Este apoio pode assumir a forma de reflorestação após incêndios florestais ou de fornecimento de árvores de fruto e nozes a agricultores. Mas mesmo estes projectos podem comprometer a biodiversidade.

O planeta alberga quase 60.000 espécies de árvores. De acordo com um relatório recente, um terço delas está ameaçado de extinção, principalmente devido à agricultura, ao pastoreio e à exploração. Mas apenas uma fração das espécies é plantada em todo o mundo, de acordo com grupos de plantação de árvores e cientistas.

"As mesmas espécies são plantadas em todo o mundo", disse Meredith Martin, professor assistente de silvicultura na Universidade Estadual da

Carolina do Norte, que descobriu que as iniciativas de plantação de árvores sem fins lucrativos nos trópicos tendem a dar prioridade às necessidades de subsistência das pessoas em detrimento da biodiversidade ou do armazenamento de carbono. Segundo ele, com o tempo, esses esforços correm o risco de reduzir a biodiversidade nas florestas.

Os grupos de plantação de árvores sem fins lucrativos dizem frequentemente que plantam espécies não nativas porque as comunidades locais lho pedem. Mas um compromisso mais profundo pode contar uma história diferente, disse Susan Chomba, que supervisiona a restauração e conservação de florestas em África para o World Resources Institute, um grupo de investigação global sem fins lucrativos. Quando lhes é dada a oportunidade de refletir sobre o que pretendem alcançar nas suas terras, os agricultores lembram-se, por exemplo, que quando tinham mais árvores, também tinham ribeiros, disse Chomba. Eles querem a sua água de volta.

Depois dizemos: "De acordo com os vossos conhecimentos tradicionais e locais, que tipo de espécies de árvores são adequadas para devolver a água ao ecossistema?"", continuou Chomba. "Eles dão-nos toda uma gama de espécies de árvores indígenas."

Um grande obstáculo é a falta de oferta nos bancos de sementes locais, que são frequentemente dominados por espécies comerciais populares. Alguns grupos ultrapassam este problema pagando a pessoas para recolherem sementes de florestas próximas.

Os especialistas dizem que outra solução é deixar as florestas regenerarem-se por si próprias. Se a área estiver pouco degradada ou se estiver próxima de uma floresta existente, o método conhecido como regeneração natural pode ser mais barato e mais eficaz. A simples vedação de certas áreas para impedir o pastoreio permite frequentemente que as árvores cresçam de novo, sequestrando carbono e biodiversidade.

"A natureza sabe muito mais do que nós,
https://www.nytimes.com/es/2022/03/21/espanol/reforestacion-pros-cons.html#:~:text=A%20reflorestação%20de%20%C3%B3n%20árvores%2
0pode,mal%2C%20pode%20acelerar%20a%20extinção%20de%20árvores%20pode,mal%2C%20pode%20acelerar%20a%20extinção%C3%B3n.

V. EVOLUÇÃO DO PROGRAMA SEMEAR A VIDA

Onde começou este projeto?

A primeira fase começou em 2019 em Veracruz, Chiapas, Tabasco e Campeche, com a integração de 220 000 agricultores para trabalhar 550 000 hectares de culturas.

A segunda fase teve início em 2020 e foi implementada em Colima, Guerrero, Hidalgo, Michoacán, Morelos, Oaxaca e Puebla, Quintana Roo, San Luis Potosí, Tabasco, Tamaulipas, Tlaxcala, Yucatán, Sinaloa, Durango e Chihuahua.

E até 2021, os Sistemas Agroflorestais e Milpa Intercalados com Árvores de Fruto estão totalmente estabelecidos em 1,75 milhões de hectares. Entre 2022 e 2023, a Sembrando Vida entrou no
fase de consolidação nas componentes social, produtiva e de finanças sociais. 2024 será o ano da autonomia do Sembrando Vida.

Resultados do Programa Sembrando Vida

Senadores, agricultores e funcionários públicos destacaram as vantagens e os resultados do programa Sembrando Vida. milhões de hectares, que há cinco anos estavam abandonados, são agora produtivos.

Durante o fórum "A transformação do campo mexicano", a senadora Leticia Peña Ocampo, de Morena, reconheceu que, durante décadas, os camponeses e os produtores foram esquecidos e que a desigualdade social que o México viveu no século XX "provocou a convergência de líderes sociais e políticos que procuravam melhores condições de vida para o povo".

Lembrou que, no início do mandato de seis anos do presidente Andrés Manuel López Obrador, ficou claramente definido que o foco das políticas públicas seriam os grupos mais pobres, entre eles, os camponeses, que nos alimentam e, independentemente do dia e das condições climáticas, levantam-se bem cedo para cultivar a terra.

A este respeito, disse que no início de 2019 foi implementado o programa Sembrando Vida, que visa contribuir para o bem-estar social dos agricultores mexicanos, promovendo a autossuficiência alimentar através do estabelecimento de sistemas agroflorestais, que combinam a produção de culturas tradicionais com árvores frutíferas e madeireiras, a fim de aumentar a produção e reduzir o uso de insumos e custos para a produção das parcelas.

O senador Gabriel García Hernández afirmou que agora o México pode dizer ao mundo que é possível regressar ao campo, não só para gerar prosperidade económica, mas também para curar o planeta e garantir a sustentabilidade das gerações futuras.

Acrescentou que cada semente de árvore de fruto do programa Sembrando Vida é um símbolo do que deve ser o futuro do nosso país e uma razão para voltar a olhar para o campo como o motor do desenvolvimento e a preservação da nossa identidade e cultura.

Hugo Raúl Paulín Hernández, subsecretário de Inclusão Produtiva e Desenvolvimento Rural do Ministério do Bem-Estar, destacou que se trata de uma estratégia de desenvolvimento rural que promove o trabalho coletivo e o autoemprego em estados como Chiapas, Oaxaca, Guerrero, Puebla, Hidalgo, Morelos, Michoacán e Tlaxcala. A responsável referiu que se trata de um projeto eficaz, que é constituído por 18.000 grupos em todo o país, 18.000 comunidades de aprendizagem de agricultores que trabalham de forma coordenada e solidária, e que foi uma oportunidade para reconhecer o trabalho e a participação das mulheres rurais no campo mexicano.

Paulín Hernández indicou que, após seis anos de investimento do Governo Federal no campo, este investimento está a dar frutos, sendo uma fonte de trabalho e de rendimento para os agricultores que participaram neste projeto.

Por esta razão, sublinhou, vão propor que mais hectares no país sejam ligados ao Sembrando Vida, porque este demonstrou que, graças ao trabalho dos plantadores e semeadores, o campo mexicano pode crescer e avançar. Agora, disse ele, há produção para autoconsumo e há um excedente que gera riqueza para os produtores. Geni González Iglesias, semeadora de "Tixtoca Nemeliztlik", do município de Tixtla, Guerrero, disse que o Sembrando Vida foi transcendente e gerou consciência social e um trabalho que transformou a vida de muitos agricultores e, graças a essa iniciativa, muitos agora trabalham por conta própria e a economia melhorou em muitas famílias.

VI. EXPERIÊNCIAS DE SEMENTEIRA DE VIDA

Foram realizados trabalhos com diferentes engenheiros responsáveis pela consultoria e manutenção das diferentes culturas que estavam a ser cultivadas nos viveiros. No que respeita à fertilização, foram utilizados produtos biológicos, tal como recomendado ao produtor. Algumas fotos de alguns dos viveiros no Estado do México, de onde as árvores são fornecidas para as áreas próximas dos viveiros. Trabalhámos com a ajuda dos bolseiros e dos engenheiros responsáveis da zona. Há agrónomos, biólogos e até um médico que vem esporadicamente. Os serviços prestados pelos bolseiros são de consultoria agrícola. Nesta zona, cultivam-se 9 variedades de malagueta (picante), milho, feijão e melancia, e alguns produtos, como os adubos foliares, são feitos com produtos biológicos. Também lhes ensinam a fazer pizzas, pão de sal e pão doce.

Fotografias de um ejido situado nas terras altas do Estado de Guerrero.

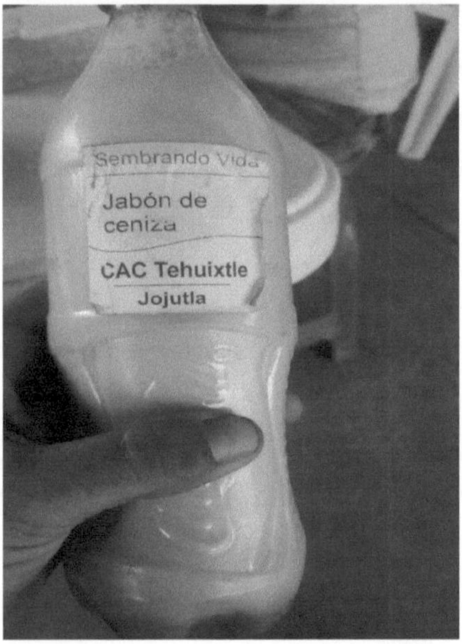
Sembrando Vida
Jabón de
ceniza
CAC Tehuixtle
Jojutla

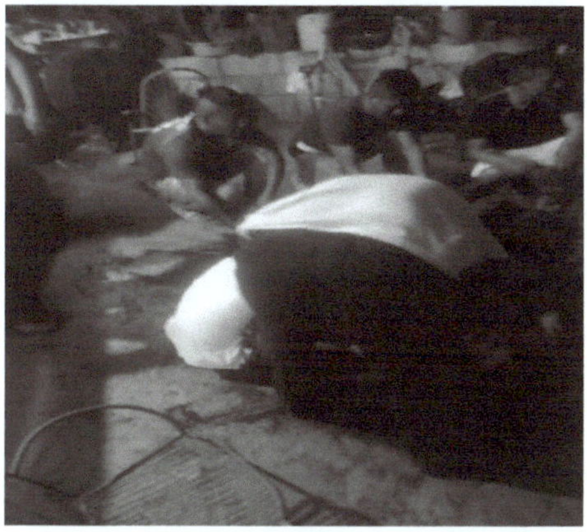

Reflorestação na zona afetada pelo parque Popo

Em algumas zonas do Estado do México, visitámos viveiros e falámos com produtores e bolseiros.

O Sembrando Vida criou mais de 400.000 empregos no campo; para os seus milhares de plantadores e semeadores já não é necessário sair dos seus locais de origem em busca de um meio de subsistência, agora trabalham nas suas próprias comunidades.

VII. BIBLIOGRAFIA

Benefícios da reflorestação

https://www.google.com/search?q=importancia+e+benefícios+da+reflorestação&rlz=1C1UUXU_enMX940MX940&oq=importância+e+benefícios+da+reflorestação&g

Bethanie Walder. Sociedade para a Restauração Ecológica.
Organização mundial sem fins lucrativos.
biodiversity.https://www.iberdrola.com/sostenibilidad/que-es-reforestation#:~:text=Problems%20of%20reforestation%20and%20reforestation%20&text=We%20can%20grow%20 large%20forest%20crops%20and%20position%20them%20can%20be%20damaging.

Catrin Einhorn. 21 Mar 2022 The New York Times. Receba-o na sua caixa de correio.

(FAO) 2020. O estado das florestas do mundo

Geni González Iglesias, plantador de "Tixtoca Nemeliztlik", do município

Robin Chazdon, Professor de Restauração de Florestas Tropicais na Universidade de Sunshine Coast, em Tixtla Australia, Guerrero (2023)

Programa SEMBRANDO VIDA. Programa Comunidades Sustentáveis.
Secretariado do Bem-Estar : 06 de novembro de 2020

Programa Nacional para as Florestas 2020-2024

Robin Chazdon, Professor de Restauração de Florestas Tropicais na University of the Sunshine Coast, Austrália.

A University College London e a University of Edinburgh avaliaram os compromissos nacionais em matéria de reflorestação e recuperação.
https://www.nytimes.com/es/2022/03/21/espanol/reforestacion-pros-

cons.html#:~:text=A%20reflorestação%20de%20%C3%B3n%20de%20%C3%A1árvores%20pode%20estar errada
%2C%20puede%20acelerar%20la%20extinci%C3%B3n.

MIX
Papier aus verantwortungsvollen Quellen
Paper from responsible sources
FSC® C105338

Printed by Books on Demand GmbH, Norderstedt / Germany